句集

蝸牛《かたつむり》

周 龍梅
Zhou Longmei

角川書店

李杜の月賢治の月やけふの月

大谷弘至

句集　蝸牛／目次

装丁　神田昇和
題字　金敷駸房

句集
蝸牛

第一部　蝸牛　（俳句集）

新年

初日の出力張る地球かな

誘はれて慌てふためく初鏡

双六の進むも退《の》くも無常かな

爆竹や去年の憂ひを粉々に

獅子舞のせはしく廻る故郷かな

春

春節や空も地上も人だかり

春巻に春の息吹をまき入れて
春風にすつと乗りこむ旅人よ

娘今お転婆盛り春一番

春光や雲の果てたるところより

火の蛇に呑み込まれゆく野焼かな

旅千里故郷のつくし恋しくて

青龍やたうたうと往く春の川
しがらみや断てども絡む春霞

菜の花の人なつこさに安堵かな

春筍を剥けば広がる笑顔かな

蝶々や朗読会に紛れ込む

空翔ける天女の如く種を蒔く

まな板も春の舞台となりにけり
母恋し藤の花ふと揺れたれば

春日傘たためば見ゆる艶の髪
緑摘む我が子を旅に出したくて

大空に凧を競うて北京っ子

一年分遊びまくるや春休み

阿蘇山の半分借りて桜狩

家を飛び出たがつてゐる春帽子

遠霞果たしてここは扶桑かな

海女潜る海の自由の女神かな

新入生渇くが如く聞き入りて
みちのくのねばりありけり新和布

誰もかも桜の下の過客かな

毎年や招かぬ客の黄砂来る

立読みの客がまた増え日永かな

鶯の歌の楽譜を見てみたし

花過ぎの邂逅のごと賢治読む

四月とは一喜一憂桜かな

宮島や杓子で掬ふ春の水

来るたびに膨らんでゐる雀の子

往く雲や筑後雲雀の名残り歌

西施泣く朧月夜もよかりけり

絞りてはほぐす雑巾暮遅き

春の夢道連れならば李白かな

カンカコカン気合ひを入れて闘鶏士

軒下の力持ちにて葱坊主

夏

蝸牛　幸も不幸も　負ひ来たる

お隣に新表札や風薫る

青草や青々見えて遠くあり

肩書をはばからず飲むビールかな

わが夢は両岸繋ぐ虹の橋

筍や三つ子五つ子よく育つ

生と気の雫滴々新茶かな

梔子の香に包まれて母が逝く

遺りたる母の団扇を捨てがたく
ほうたるを逃がせば山の光りたる

青梅の無性に匂ひたき青さ

紫陽花や仙女が刺せし刺繡球

いのち産むまでを蛍とワルツかな

蟑螂を打ちてすがすがしきことよ

五月雨の夜やシャンソンを口ずさむ

苔の花忘れし頃に咲きはじむ

どこに置くか花南天をお守りに

滝しぶきローベルの筆濡らしけり

しばらくは天狗の団扇借りておく
吾はいま暴走の蟻かも知れぬ

郭公も賢治の妹の名を叫び
平和とは毎朝庭の草むしり

何もかも運べる蟻の力かな

戦して田植逃がしてしまひけり

先急ぐわたしは敢へて平泳ぎ

うつかりと日焼け美人になりにけり

雨乞ひの手や龍王にとどくまで

苔の花小僧の意見も無視できぬ

少年や金魚と心通ひ合ひ

久々や北京の空に大き虹

ここもまた吾が郷となり百日紅

穴を出る蟬に躊躇はなかりけり

烏賊釣火挽歌を唄ひをるやうな

夏草や夢から覚めぬ兵馬俑

凌霄や天まで母を送り来し

向日葵を病院の真ん中に置かう

父の眼に咲いて夕顔ひそやかに
亀の子よ一度挫けて得たるもの

悠々と描く自分史蝸牛

天道虫花の鎧の飛行士か

花莫蓙やひやりと肌にしみとほる

炎熱や北京訛りの飛び交ひて

夕焼けて紫禁城より人の波
揺れ動く光と影が日除越し

節電や爽快なほど汗をかき

団扇もて観音の息届けらる

古里を一途に恋ひし山女かな

宿題をほつぽらかして水合戦

滝の音世のがやがやを呑みにけり

香水やぎくしやくもまた払ひくれ

秋

きつぱりと決めし転職西瓜割る

ライチ摘む天に帰りし母と摘む

桐一葉心大きく包み込む

七夕や生まれ変はつても君の彦

七夕や実らぬ恋も捨て難き
朝顔の露お借りして顔洗ふ

ごろごろの田舎と別れ休暇明け
どこまでも銀河鉄道乗りゆけり

果てしなく溝蕎麦の奥道白し

秋の蚊や未練がましく我を刺す

秋刀魚焼く夫は元気に古希迎へ

かの幼馴染みのごとく赤蜻蛉

又三郎飛び立つ二百十日かな

シルクロード石榴を旅の道連れに

鈴虫もたまに音程はづれもし
天高く歌の翼に乗りにけり

無花果やペルシャの風の吹くところ

官僚よ野猪のごとくに強くなれ

重陽の泰山仰ぐ旅にあり

睡蓮の影に恋してゐる蜻蛉

幸せや帰る地のある秋燕

戻りけり帰燕とともに麓まで

虫の声ひとつひとつの出会ひかな

啄木鳥や天地響かせ独り言

手術の夜朦朧として月を見る

案内は蜻蛉一匹島めぐり

星月夜今宵も便りなかりけり

天山の麓を駆けて馬肥ゆる

秋茄子どこか王子の気質あり

コスモスの花びらほどの笑顔かな

コスモスと隠れん坊でもしようかな

どつこいしよ風に合はせて大豆打つ

両腕に抱きしめたきは流れ星
旅立たんもみぢに乗りてカナダまで

新曲をかけて飲み干す新走り

新走李白も酔はす天の水

その足で荷物さて置き走り蕎麦

冬

うらうらと小春日和の揺り籠へ

餅を搗く古里に親ありてこそ

柚子風呂や柚子の気持ちになりながら

大寒や雑草のやうな中国人

ありつたけの恩を返せしごんぎつね

セーターに人生模様織り成して
冬の星いまも爆発しつつあり

寒風を遮る壁のごとき母
冬眠の栗鼠の尻尾を借りたくて

ボランティア続々集ふ焚火かな

毎年や園児に会ひに鴨来たる

鴛鴦に嫉妬する月の冷たさよ

喜びのでんぐり返り雪だるま

春来れば帰郷の日まで遠からず

親の居ぬ家の広間よ寒気満つ

この囲炉裏昔話が産まれけり
広州のネオンに染まり冬の雨

この辺にゐるかもしれず雪女

白鳥や見かけによらず荒々し

冬うらら三人寄れば句会かな

白菜や孔子の里の土つけて

切干や尽くすいのちのある限り
友あれば北の果てまで冬ぬくし

万華鏡砕けては散る樹氷林
苦笑顔梟に似て非なるもの

足止めや北京空港冬の霧

脇をゆく水仙といふ名前の子

勢ひは何にも負けぬ寒鰤よ

地球にもマスクをかけてやりたくて

句集　蝸牛　畢

第二部　凌霄（漢訳付き俳句集）

＊一部より七〇句を選び、中国語の訳をつけました。

新年

初日の出力漲る地球かな

元旦旭日升。周而复始迎灵光，地球换新妆。

誘はれて慌てふためく初鏡

素颜早已惯。一时有约颇慌张，镜子忽然忙。

春

娘今お転婆盛り春一番

飒飒小姑娘。荡漾春心正乖张，所向无阻挡。

しがらみや断てども絡む春霞

心结似已散。却又莫名来心上，朦胧春霞样。

菜の花の人なつこさに安堵かな

片片油菜花。暖透人心忘冷眼，安然度华年。

まな板も春の舞台となりにけり

春日蔬果盛。砧板缤纷如舞台，百鲜应时来。

緑摘む我が子を旅に出したくて

盆树新叶繁。剪去如令童独行，心软难成景。

一年分遊びまくるや春休み

春光正明媚。欲享乐事尽此时，游赏莫疑迟。

家を飛び出たがつてゐる春帽子

寂寞宅更幽。小帽亦欲游春野，寻欢逐自由。

遠霞果たしてここは扶桑かな

暮靄时时变。有如霞光染天边，扶桑亦难辨。

みちのくのねばりありけり新和布

陆奥昆布新。海珍佳品丝滑样，入口味悠长。

誰もかも桜の下の過客かな

樱落知时节。过客缤纷树影斜，人事已非前。

毎年や招かぬ客の黄砂来る

黄沙漫浩浩。不速之客年年到，未卜何时消。

鶯の歌の楽譜を見てみたし

心中怀好奇。黄莺乐谱何模样，欲窥却难觅。

花過ぎの邂逅のごと賢治読む

花逝如水流。只憾贤治难邂逅，岁月岂回首。

四月とは一喜一憂桜かな

新旧来去忙。樱花盛衰一霎间，人间四月天。

宮島や杓子で掬ふ春の水

春海无波涛。青冥天色浮宫岛，一掬入我勺。

往く雲や筑後雲雀の名残り歌

浮云渐远归。筑后云雀声声悲，切切入心扉。

西施泣く朧月夜もよかりけり

夜月朦胧睡。西施垂泪亦貌美，浓淡人皆醉。

絞りてはほぐす雑巾暮遅き

日暮迟归山。湿巾拧过随风干，余晖转瞬残。

春の夢道連れならば李白かな

春日梦中游。愿偕太白相伴走，诗酒共风流。

カンカコカン気合ひを入れて闘鶏士

鸣钲响斗场。屏息凝神是鸡主，鸡主更紧张。

軒下の力持ちにて葱坊主

葱乃厨轩王。隐作无名英雄汉，香味功劳长。

夏

蝸牛　幸も不幸も　負ひ来たる

蜗牛缓缓行。无论背负厄与幸，坚韧度一生。

肩書をはばからず飲むビールかな

同做酒中仙。忘却身段与官衔，醉卧笑人间。

筍や三つ子五つ子よく育つ

孩童非惯养。如笋三五簇茁壮，自立方成长。

ほうたるを逃がせば山の光りたる

轻释手中萤。山间刹那如昼明，豁然我心境。

いのち産むまでを蛍とワルツかな

夏夜映流萤。微光点点似繁星，共舞待新生。

蟑螂を打ちてすがすがしきことよ

痛击蟑螂亡。滑虫尽除心情爽，快意满庭芳。

しばらくは天狗の団扇借りておく

欲借神魔扇。骤然一挥拂万山，风起心自宽。

吾はいま暴走の蟻かも知れぬ

蚁行急匆匆。尘世纷扰红尘中，暴走无定踪。

郭公も賢治の妹の名を叫び

布谷啼妹名。贤治如闻故人临，耳畔添悲情。

戦して田植逃がしてしまひけり

战鼓声声急。斗罢方觉农时迟，错耕空叹息。

先急ぐわたしは敢へて平泳ぎ

水中竞速忙。我自偏爱蛙泳样，慢游岁月长。

うつかりと日焼け美人になりにけり

日晒肤色好。渐成黑美暗自笑，月下显姝窈。

雨乞ひの手や龍王にとどくまで

稽首向龙庭。祈雨诚心达天听，龙泣化甘霖。

ここもまた吾が郷となり百日紅

他乡作故土。百日红绽似心坚，随风入乡俗。

穴を出る蟬に躊躇はなかりけり

蝉生虽短促。人类惆怅它自安，脱壳不踌躇。

夏草や夢から覚めぬ兵馬俑

绿草夏幽幽。兵马梦沉古战场，武俑影犹留。

凌霄や天まで母を送り来し

凌霄高入云。望携慈母升天际，守愿心永系。

悠々と描く自分史蝸牛

无意争短长。蜗牛缓步悠然往，独行自徜徉。

宿題をほっぽらかして水合戦

暑至日照长。顽童抛书打水仗，清凉多欢畅。

秋

ライチ摘む天に帰りし母と摘む

红荔握满手。尤忆萱堂暗回首，扶我往上搂。

朝顔の露お借りして顔洗ふ

牵牛花露清。轻拂面颊润如凝，焕然容貌新。

ごろごろの田舎と別れ休暇明け

暑假田舍里。学童无忧滚凉席，倏忽又一季。

どこまでも銀河鉄道乗りゆけり

举头望星空。银河铁道悬天中，乘上各处通。

果てしなく溝蕎麦の奥道白し

戟蓼望无边。白道蜿蜒向远天，幽美入画卷。

秋刀魚焼く夫は元気に古希迎へ

烤鱼秋刀香。流水滋养寿更长，古稀见盛昌。

かの幼馴染みのごとく赤蜻蛉

红蜓舞翩翩。青梅竹马梦相连，时光忆当年。

シルクロード石榴を旅の道連れに

何处可淹留。丝路迢迢归期久，最忆是石榴。

無花果やペルシャの風の吹くところ

无花果挂枝。波斯风煦吹此地，甜香醉心脾。

幸せや帰る地のある秋燕

秋燕归巢暖。心安如此即神仙，岁月静好间。

虫の声ひとつひとつの出会ひかな

虫鸣声各异。微言细语有真义，自然生诗意。

星月夜今宵も便りなかりけり

漫天群星耀。皎月高悬空寂寥，故人书未到。

コスモスと隠れん坊でもしようかな

秋樱花茎长。花丛深处捉迷藏，童心乐未央。

どっこいしょ風に合はせて大豆打つ

风舞豆田里。唉嗨哟声秋云低，合力收黄粒。

新曲をかけて飲み干す新走り

此刻宜贪欢。新酒盈杯醉心田，新曲绕梁间。

新走李白も酔はす天の水

新酿香四溢。李白不醉应无归，若饮天之水。

その足で荷物さて置き走り蕎麦

远归厌肥肴。荞麦新面喜未熟，清香味更足。

冬

餅を搗く古里に親ありてこそ

双亲仍在堂。过年习俗未能忘，手捣年糕香。

ありつたけの恩を返せしごんぎつね

耿耿性中坚。竭智报恩心不变，权狐志如磐。

セーターに人生模様織り成して

毛衣温如故。丝丝入扣密织就，漫漫人生图。

ボランティア続々集ふ焚火かな

辛劳亦光荣。义工众聚暖意融，篝火映夜空。

この囲炉裏昔話が産まれけり

地炉暖烘烘。故事摇篮岁月融，民谣传喁喁。

広州のネオンに染まり冬の雨

广州夜阑珊。霓虹七彩幻色染，雨丝亦柔曼。

この辺にゐるかもしれず雪女

天地白如绵。雪女倩影隐雾间。幻境不胜言。

白菜や孔子の里の土つけて

白菜青叶翠。孔子故里泥土味，华夏韵微微。

切干や尽くすいのちのある限り

萝卜吾所美。干鲜两种多滋味，脆皮更珍贵。

勢ひは何にも負けぬ寒鰤よ

寒鰤气如虹。深海大洋独领风，王者何曾怂。

地球にもマスクをかけてやりたくて

掩面欲呼叫。谁为地球戴口罩，雾霾苦缠绕。

あとがき

『蝸牛』は私のはじめての句集です。「蝸牛」は新美南吉の『でんでんむしのかなしみ』よりモチーフを得ました。

「古志」に入会して16年、長谷川櫂先生、大谷弘至先生のご指導をいただきました。心より御礼申し上げます。

句集を編むに際しては、大谷弘至主宰に選をしていただき、序句を賜りました。出版の労をおとり頂きました角川「俳句」編集長の石川一郎様、校正・装丁は橋本由貴子様、そして漢訳は李銘建・李中楊両氏、漢訳の監修は中国中山大学中国古典文学董上徳教授にお世話になりましたことに深く感謝申し上げます。

俳句のお陰で、今まで多くの素晴らしい方と知り合って、あらためて俳句とめぐりあえて良かったと思います。

俳句は私の人生の糧になっています。今後も一層精進していきたいと思います。

二〇二五年春

周　龍梅

著者略歴

周　龍梅〔ZHOU LONGMEI〕（シュウ　リュウバイ）

1960年　黒龍江哈爾浜生まれ

1987年7月に来日

「古志」同人

宮沢賢治学会イーハトーブセンター会員

【訳書】

『宮沢賢治童話』全5話　（1994年8月　訳林出版社）

『宮沢賢治童話文集』全三集　（2003年5月　少年児童出版社）

『赤いろうそくと人魚』小川未明　彭懿氏との共訳

（2006年8月　少年児童出版社）

『魔女の宅急便』角野栄子　彭懿氏との共訳

（2007年7月　南海出版社）

『手袋を買ひに』新美南吉ほか　全六冊　彭懿氏との共訳

（2008年6月　貴州人民出版社）

など多数。

句集　蝸牛　かたつむり

古志叢書 76

初版発行　2025年2月25日

著　者　周龍梅
発行者　石川一郎
発　行　公益財団法人 角川文化振興財団
〒359-0023　埼玉県所沢市東所沢和田 3-31-3
ところざわサクラタウン 角川武蔵野ミュージアム
電話 050-1742-0634
https://www.kadokawa-zaidan.or.jp/
発　売　株式会社 KADOKAWA
〒102-8177　東京都千代田区富士見 2-13-3
電話 0570-002-301（ナビダイヤル）
https://www.kadokawa.co.jp/
印刷製本　中央精版印刷株式会社
 ISBN978-4-04-884633-2　C0092